遇安花道

―― 中国传统插花艺术教程 ――

（初阶版）

王遇安　姜羽　靳显会　编著

  大多数新同学来学习插花时，除了部分纯爱好者以外，还会有一些懵懵懂懂的同学，带着这样的一个疑问来到课堂问我。我们学习插花的必要性是什么？我总结了以下几个答案，与大家共勉。

  1.文化需求：历史没有规律可寻，但总有脉搏可以把握。当一个盛世来临时，文化艺术有好的大环境做基础，就会迎来蓬勃发展期。那么此时此刻，学习插花艺术，对我们来说，是一个非常不错的选择。

  2.心理需求：插花是在美中寻找美的艺术，花儿本身就很美，我们在学习技巧和提升艺术审美的同时，又可以借助花儿，表达情感，舒发情绪，无论开心失落，都会有这样一个好的形式去调节自身磁场。

  3.艺术需求：木心先生说过一句话："没有审美力是绝症，知识也救不了"；吴冠中先生说："文盲不多，美盲很多"；20世纪初蔡元培先生也提出："以美育代宗教"。期望以审美的力量提升国人文明素质。中国传统插花艺术风格崇尚自然，师法自然并高于自然。注重意境美、形态美和色彩美，这样的美符合我们国人的审美需求，各美其美，美美与共。

  4.职业需求：随着现代人对精神生活的追求，休闲插花逐渐成为一种越来越多人崇尚的修身养性的休闲方式，由此花艺界也出现了一种具有发展前景的职业——插花讲师。坚持学习，成为一名插花讲师，将我们学习的插花知识，插花理念，插花精神，带给我们身边的朋友和同学，让大家能够一起，乐在其中。

  所以无论是为了追求内心平静，还是为了释放生活压力，再或是有职业需求的你，我认为，都有必要来学习插花艺术。本书籍，结合老师多年授课经验，图文并茂地书写了每件作品的完成步骤和理论思想，希望对各位花友有教科书般的指导作用。

王遇安
2021 年 4 月 11 日

  这是最好的时代，也是最坏的时代；这是经济、科技快速发展的时代，也是精神文明贫瘠荒凉的时代。

  都市化的推进和科技的日新月异让我们享受了优质物品和便捷服务。但同时由于人们长期身处城市钢筋水泥的禁锢之中，内心更渴望山水自然，偶尔行走于山水之间时，便更像是一种疗愈，令人心胸开阔。

  我的前单位是国内领先的IT公司，工作职位到了管理层，就有自己要负责的业务范围：工作上要保团队，抢业务，盯业绩；家里小朋友的成长更是不能马虎，从身体健康到心理成长，从性格引导到原则规矩建立，和孩子交朋友，建立良好亲子关系等等，每一步都至关重要。在忙碌的工作和生活中，给自己的心灵放松是我们紧迫需要的。

  现在年轻人之间流行一个字："丧"。丧就是什么都不想做，提不起兴趣。压力，焦虑，挫折，以及梦想遥不可及，造成了年轻人的丧，丧似乎是一种解脱，但这不是解决问题的方法，压力终究是要我们自己面对和解决。

  压力、挫折感任何人都会遇到，越是优秀的人越有感触。我自己第一份工作是程序员，程序员的工作是出了名的忙碌，工作起步时间996，很多人比996更严重。程序员8年，对于新人我算是前辈，但在行业里我一直认为自己还是新人。加上结婚生育，新手妈妈的我手忙脚乱。工作上不能更进一步，生活上也面临很多压力，心理时常很崩溃，后面的路要怎么走？工作上想要进步就需要持续努力，孩子和家庭也需要更多的时间陪伴，两方面都很想尽善尽美，但现实却不尽人意。这种挫败感很深刻，相信很多有类似经历的同龄人都深有感触。我再三考虑后，决定做减法。工作上转型到一个时间相对自由的行业，下班后，有时间陪伴孩子们成长。于是，我选择了跟随老师，学习中国传统插花，除了从事插花讲师职业，更是给自己心灵一个放松的时间。慢慢的，我的生活和工作都理顺了。

  插花是一种生活美学，可以点缀空间，营造氛围，提升个人审美及幸福感。东方插花崇尚自然，讲究意境，是山水自然景观的微缩呈现，让我们在工作或生活环境中，能感受自然的美好。中国传统插花讲究花叶自由舒展，枝脚干净利落，一枝一叶中呈现作者的心思、雅趣和性格。

  最后，愿每一位插花者，都能找到自己内心的山水，并将幸福感传递给身边人。

靳显会
2021年2月13日

姜羽

  嗨！亲爱的读者们，我想能拿到这本书的人一定也是热爱生活的人。

  时代在发展，在快节奏的都市生活中人们往往需要一些精神上的慰籍，从而释放我们的压力感。读书、品茶、插花赏花、旅行都是享受慢生活的方式，只有慢下来才能发现更多的美好。慢慢是一个很好的词，慢慢相遇，慢慢成长，慢慢喜欢。

  我和大多数女孩子一样，我也喜欢花，曾经对于插花的概念就是觉得把好看的花放进玻璃瓶中就可以了。偶然接触到中国传统插花才发现，哇！原来插花是这么有意思的事情，高兴时可以抒发情感，烦躁时可以平心静气，孤独时又可以排解寂寞，心境不同花自然也不同。随着时间的推移，对中国传统插花了解得越多，越发现传统插花文化的博大精深。为了能让更多的人去感受插花带来的快乐与幸福感，我们三位老师一起编著了这本书，希望能引导大家一起感受中国传统插花文化艺术的魅力。

  忽然觉得自己好像是一个温婉的女子，喝一杯茶，插一盆花，享受一个午后，好生惬意……

姜羽
2021 年 3 月 8 日

目录

第一章　六大花器

第一节	直立型瓶花	008
第二节	倾斜型瓶花	014
第三节	草线条盘花	020
第四节	花线条盘花	026
第五节	多枝材碗花	032
第六节	单枝材碗花	038
第七节	剑山固定缸花	044
第八节	枝材固定缸花	050
第九节	单剑山筒花	056
第十节	双剑山筒花	062
第十一节	收口篮篮花	068
第十二节	广口篮篮花	074

第三章　废弃枝材

第一节	废弃碎片线条	132
第二节	废弃茎秆线条	138
第三节	废弃碎片固定	144
第四节	废弃树根固定	150
第五节	手工花朵	156
第六节	废弃果实	162
第七节	枯木植物	168
第八节	枯草植物	174

第二章　四大群体

第一节	民间·萌芽	082
第二节	民间·结果	088
第三节	宫廷·瓶花	094
第四节	宫廷·缸花	100
第五节	宗教·百合	106
第六节	宗教·荷花	112
第七节	文人·风骨	118
第八节	文人·希望	124

第四章　花作赏析

第一节	色彩的秘密	182
第二节	花开结果	184
第三节	有人出生在罗马	186
第四节	插花人的品质	188
第五节	东西方插花文化的差异	190
第六节	春风·花之律动	192
第七节	夏花·花之绚烂	194
第八节	秋韵·花之良语	196
第九节	冬藏·花之思考	198

遇安花道

中国传统插花艺术教程（初阶版）

第一章 六大花器

中国传统插花六大花器分为瓶、盘、碗、缸、筒、篮。中国传统插花讲究天地人和，以器皿为"地"，厚德载物；以素材为"天"，借份天缘；以器内藏水为"人"，纯净包容。插花艺术表达了中国人骨子里的儒雅谦和。

第一节
直立型瓶花

花作理论：中国传统插花的六大花器

（1）花瓶：瓶花高昂，挺拔健美；
（2）花盘：盘花深广，飘逸灵动。
（3）花碗：碗求中藏，含蓄内敛；
（4）花缸：缸花厚壮，粗犷质朴；
（5）花筒：筒重婉约，秀美娟丽；
（6）花篮：篮贵端庄，雍容华美。

花作立意：

无论经历多少磨难，你都要坚信生命中总会有一束光，足以穿透黑暗，阳光万里，扶摇直上，步步高升。

花作工具：枝材剪、枝叶剪
花作花材：剑兰、一叶兰、跳舞兰、千代兰、黄玫瑰、洋桔梗、黄金柳、香叶天竺葵
固定方式：密枝固定，借助枝材自身的密集力。

Step 1 插入主线条剑兰

Step 2 插入搭配线条剑兰

Step 3 插入搭配线条跳舞兰、黄金柳、洋桔梗花骨朵

Step 4 插入主花黄玫瑰、搭配线条一叶兰

Step 5 插入搭配花千代兰、洋桔梗、香叶天竺葵

Step 6 插入基盘羊齿蕨

Tips 插制本件作品，我们需要掌握以下 4 个技巧

(1) 向瓶内投放多支布满分叉的木本线条，清理干净线条上的叶片，注意水里不能久泡草本叶片，否则会发酵变臭，污染水质，缩短枝材花朵的寿命；

(2) 第一枝作为主线条的剑兰，紧贴瓶壁插制，根部插制在分叉木本线条之间，形成上下作用力，使主枝稳定；

(3) 插制多种线条时，要注意不能出现平行枝及交叉枝，要营造一种密而不碎、繁而不乱的氛围感，使作品挺拔高昂，典雅贵气；

(4) 右下角下垂型香叶天竺葵，在插制时可选用细线条、密针叶的枝材，使其枝干有下垂的柔韧性，枝梢有下垂的重量感。

步步高升

花作造型：直立型　　**花作器皿：**墨绿色文人调陶瓷花瓶

剑兰花语步步高升，一叶兰花语坚强的意志，跳舞兰花语快乐无忧，千代兰花语高贵典雅，黄玫瑰花语除了为爱道歉还有幸运之意。我们都期望自己事业上步步高升，但同时也要明白奋斗时要有坚强的意志，你盼望着自己足够幸运，能够成为一个快乐无忧的人，那你就要为你的盼望不懈努力。何其有幸能遇繁花似锦，能在疲倦的俗世生活里，拥有一些温柔的理想，从此生活有了诗意。

同类型作品赏析

奋斗

王遇安

文竹扶摇青云志,众花齐心绽放时。
绿叶黄花常伴右,一举闻名天下知。

遇安花道瓶花练习

文人调 针垫花

遇安花作

第二节
倾斜型瓶花

花作理论：中国传统插花——瓶花

（1）象征：寺庙高堂，崇山峻岭，君子之气；
（2）特点：突出表现花材元素最优美流畅的局部，枝疏叶清形态优雅；
（3）造型：常采用不对称式构图，有直立型、倾斜型、平出型及下垂型作品；
（4）固定：添枝固定，撒固定，捆扎固定，集束固定，密枝固定等。

花作立意：

我是王恩恩，插了一件作品，焦点位的百合花和拥抱式的线条，让我想起了我的姥姥，繁多的配花，像是我们一大家人，围绕在姥姥身边，关心她，爱她，尊重她。

花作工具：枝材剪、枝叶剪
花作花材：香叶天竺葵、雪柳、鼠尾花、紫小菊、乒乓菊、洋甘菊、红百合、羊齿蕨
固定方式：一字撒，给予枝材辅助力量

Step 1 插入主线条香叶天竺葵

Step 2 插入搭配花乒乓菊、紫小菊、鼠尾花

Step 3 插入搭配线条雪柳,点缀花洋甘菊

Step 4 插入搭配线条雪柳

Step 5 插入焦点花粉百合

Step 6 插入基盘羊齿蕨

Tips 插制本件作品,我们需要掌握以下两个技巧

(1) 制作一字撒时,需要取一支略宽于瓶口、富有柔韧性的木本枝材,常选用红豆枝、龙柳枝、红柳枝等;
(2) 插制瓶花大作品时,若一字撒对切瓶口空间后,空间依然过大,可再截取一支约瓶口2/3宽的枝材,与一字撒呈T形结构,抵住瓶口,将瓶口空间一分为三。

我的姥姥

花作造型：倾斜型　　花作器皿：深棕色宽口陶瓷花瓶

今年九十一岁的姥姥生于1930年，关于她的青年、童年我听说的并不多，只是看老照片的时候觉得她是个漂亮的女人，那是一张和我姥爷的结婚照，柳叶眉，高鼻梁，满目的幸福。我妈说姥姥有好几个哥哥，所以，我断定，被保护的童年一定是快乐的。直至我开始有记忆起，姥姥就是个全能乐观的人，她能一个人搞定一桌子丰盛的年夜饭，还会在守岁的时候往可爱的小饺子里塞硬币，蒸漂亮的花馍、鱼和刺猬。我记得我十五六岁的时候还赖着跟她睡，一条大胖腿把姥姥压得动弹不得，她还是会乐呵呵地笑着说"你是大孩子了，要自己睡。"第一次接姥姥去我家住的时候，我也第一次觉得她老了，佝偻着背，有了老人的样子。不变的还是她的笑，只要你看着她，她一定会对你笑。这几年，她越发的老态，走路都开始摇摇晃晃，我本幻想着她能开着我买的电动轮椅驰骋麻将沙场，可固执的她还是选择拄着拐杖晃悠悠地搓着麻将。后来我想，也许就应该那样，只要你是快乐的。

以前读"姥姥语录"时，我就特别钦佩倪萍老师记忆中的那些温暖。总想着有那么一天，我也要使劲地写出我的姥姥，关于我的童年，和她在一起的日子。

我希望我忘记的会很少，记着的会很多。

希望我们都能用心爱着自己的家人，会包容体谅每一个人的不易。

会尊重和允许每一份存在。

希望你是快乐的，从每一次的嘴角上扬开始。

同类型作品赏析

与世无争

王遇安

十八女子含羞面,垂首婀娜风姿现。
俗世浮华悲喜痴,不如诗书千万卷。

第三节
草线条盘花

花作理论：中国传统插花的风格特点

（1）注重意境和内涵思想的表达，体现东方绘画"意在笔先、画尽意在"的构思特点，使插花作品不仅具有装饰的效果，而且达到"形神兼备"的艺术境界。
（2）以线条造型为主，追求线条美，充分利用植物的自然形态，因材取势，抒发情感，表达意境；
（3）在构图上崇尚自然，采用不对称构图法则，讲究意境，布局上要求主次分明，虚实相间，俯仰相应，顾盼相呼；
（4）注重作品的人格化意义，赋予作品以深刻的思想内涵，采用自然的花材表达作者的精神境界，所以非常注重花的文化因素；
（5）色彩以清淡、素雅、单纯为主，提倡轻描淡写，也有重彩华丽的，但主要用于宫廷插花；
（6）手法上多以三个主枝为骨架，高低俯仰构成各种形式，如直立、倾斜、平出、下垂等。

花作立意：

人生，既要淡，又要有味道，宛如兰花不与众花争奇斗艳。道家说：夫唯有不争，天下莫能与之争。

花作工具：枝材剪、枝叶剪
花作花材：菖蒲叶、鸟巢蕨、千代兰、洋桔梗、羊齿蕨
固定方式：5cm铜针剑山，辅助器的作用力

Step 1 插入主线条千代兰

Step 2 插入主线条菖蒲

Step 3 插入搭配花洋桔梗花苞

Step 4 插入主花洋桔梗、点缀花洋桔梗花苞

Step 5 插入基盘鸟巢蕨

Step 6 插入搭配基盘羊齿蕨

Tips 插制本件作品，我们需要掌握以下两个技巧

(1) 插制草本线条时，需要将天然的草本枝材，重新进行排列组合，排列时要注意长短错落，组合时要注意叶片的阴面及阳面，太阳照射的方向，以及风吹过的痕迹等；

(2) 插制草本花朵时，如果要表达花朵的生命力之美，一定要注意不能出现断头花、脱水花、掉瓣花等。如果出现掉瓣盛花，一般是表达花材的时间痕迹、成长过程或对比之美。再次强调表达生命力之美，以上几种不健康的花材一定不能使用。

摇风独秀自芬芳

花作造型： 倾斜型　　**花作器皿：** 白色陶瓷水盘

　　本件插花作品，选用的是草本线条花材，整体看起来和谐优雅，柔美中带有刚劲。刚学插花时喜欢选颜色鲜艳的大花朵，有时拿到颜色清淡的花材时，会感觉自己束手无策，无法下手。随着插花学习的深入，慢慢发现有的花娇艳，有的花清雅，各有风采！清雅的花搭配适宜，设计得当，一样可以完成一件好作品，风格更吸引人！应用到生活中就是不必羡慕别人的风景，活出自我的风采，我就是我，是颜色不一样的小花朵！

同类型作品赏析

赞兰花 王遇安

皆云兰花幽空谷,我说兰花在人间。
中隐于世大隐朝,不折兰花空谷香。

第四节
花线条盘花

花作理论：中国传统插花——盘花

（1）象征：大地、田野、水池、沼泽、花园等；
（2）特点：花盘宽广，适宜表现写景插花；插制作品时注重留白，给人以自然舒适的感觉；
（3）造型：直立型和倾斜型居多，也会插制组合型或将花盘托高插制下垂型；
（4）固定：占景盘固定，铜针剑山固定，纵横枝杈固定，枝条反弹力固定等。

花作立意：

整理这件作品素材时，原计划作线条的火焰兰没有了，刚好有黄色的鸡冠花两支。人生的遗憾有很多，我想告诉你遗憾是一种不完美的美。

花作工具：枝材剪
花作花材：鸡冠花、火焰兰叶、跳舞兰、洋桔梗、羊齿蕨、河滩石
固定方式：6cm铜针剑山，辅助器的作用力

第一章　六大花器　027

Step 1 插入主线条鸡冠花

Step 2 插入搭配线条火焰兰叶

Step 3 插入搭配线条跳舞兰

Step 4 插入配花洋桔梗花苞

Step 5 插入主花洋桔梗

Step 6 插入基盘羊齿蕨

Tips 插制本件作品，我们需要掌握以下两个技巧

(1) 插制倾斜型作品时，常用的线条表现手法之一有回望；
(2) 在不使用基盘叶时，我们可以用河滩石来遮挡剑山，使作品看起来沉稳内敛、风姿质朴。

不完美的美   花作造型：倾斜型   花作器皿：白色陶瓷水盘

因为插花认识了最美丽的自己，因为美丽的自己，深深地爱上了插花。我喜欢大自然中一切美的东西：一块石头，一根枯枝，一株小草，一束小花……各美其美，美美与共，打动人心。门外大雨倾盆，又下了整整一天。雨雾招摇过市，笼罩了整整一座城。我想念繁星夜下，想念插花集训时民宿外的星空，想念那几位磁场相合的女子，想念指间一件又一件插制的作品。雨夜，不由得笔触这个烟火人间。

同类型作品赏析

一顾倾城

王遇安

春风暖阳轻拂面,回顾少女年幼时。
花开花落不自知,念及往昔已太迟。

遇安花道 ⑤ 静萍花作

第五节
多枝材碗花

花作理论：中国传统插花的发展历程

（1）原始萌芽期——西周至春秋、战国
（2）初级发展期——秦、汉至魏、晋、南北朝
（3）兴盛发展期——隋、唐至五代时期
（4）全盛发展期——宋代
（5）缓慢发展期——元代
（6）成熟完善期——明至清代中期
（7）衰败没落期——清代晚期至民国时期
（8）复兴发展期——当代

花作立意：

将百合与凤尾花搭配在一起时，给人华贵太平、端庄秀雅的感觉，取百合的百，凤尾花的凤，以及花开怒放的样子，立意女子明媒正娶，百凤齐鸣。

花作工具：枝材剪、防水胶布
花作花材：菖蒲叶、凤尾花、茉莉花、橙百合、羊齿蕨
固定方式：6cm铜针剑山，辅助器的作用力

第一章 六大花器 033

Step 1 插入主线条菖蒲

Step 2 插入搭配花凤尾花

Step 3 插入主花橙百合

Step 4 插入搭配线条茉莉

Step 5 插入焦点花橙百合

Step 6 插入基盘羊齿蕨

Tips 插制本件作品，我们需要掌握以下 3 个技巧

(1) 插制草本线条菖蒲时，需要将菖蒲长短错落地排列组合，根部斜剪后需要用防水胶布包裹起来，这样插制在剑山上会更稳定；

(2) 插制盛花百合时需要搭配花骨朵，花骨朵代表的是新生与未来的希望；

(3) 在色彩应用时，浓艳的花材可搭配清新淡雅的线条、配花或叶片，好花还需绿叶配。

正宫娘娘　　花作造型：直立型　　花作器皿：黑色陶瓷花碗

　　本作品主线条菖蒲的花语是气质高雅，在德国还有婚姻完美的寓意，菖蒲不像一般的草，一岁一枯荣，它可以立冬不死，蒲寿千年。菖蒲与兰、菊、水仙并称"花草四雅"。菖蒲叶有清香，可以提取芳香油，是中国传统文化中可防疫驱邪的灵草。搭配线条凤尾花的花语是真挚永恒的爱，凤尾也是古琴尾部的美称，在中国古代女子结婚时要佩戴凤冠霞帔，凤也是对应于龙的身份特征，例如正宫皇后、正妻。主花橙百合代表胜利荣誉、富贵繁荣，橙色的百合花开放时就像是在迎接富贵，适合摆放在客厅，以祝愿家庭富贵美满。茉莉花代表纯真的爱意，在有些国家是爱情之花也是友谊之花，花语：你是我的生命。茉莉花给人的感觉素洁清芬，清纯质朴，玲珑迷人。无论是菖蒲的气质高雅、婚姻完美，还是凤尾花的真挚永恒；无论是百合花的富贵繁荣，还是茉莉花的纯真爱意，我想这都是我们事业上、家庭里最质朴最单纯的心愿。借本件作品祝福大家幸福美满，合家欢乐。

同类型作品赏析

凌霜傲雪

王遇安

怒放千枝护红颜,小屋窗外百花残。
碎白嫩芽忍冬春,雪树银花叹霜寒。

遇安花道◎马敏花作

第六节
单枝材碗花

花作理论：中国传统插花——碗花

（1）象征：圆满，圣洁，高贵端庄；
（2）特点：从圆心出枝，向四方发散，取圆满之意；
（3）造型：直立型、倾斜型，一般以直立型为主；
（4）固定：铜针剑山固定，纵横枝杈固定，枝条反弹力固定，捆绑撒固定等。

花作立意：

姜荷花清秀，重瓣百合雅致，鸢尾叶似纤纤玉指，如果这件作品是一个女孩，我愿给她取名：秀雅。

花作工具：枝材剪、枝叶剪
花作花材：姜荷花、重瓣百合、鸢尾叶、一叶兰
固定方式：6cm铜针剑山，辅助器的作用力

第一章 六大花器 039

Step 1 插入主线条姜荷花

Step 2 插入搭配线条姜荷花

Step 3 插入搭配线条鸢尾叶

Step 4 插入焦点花重瓣百合、搭配花百合花苞

Step 5 插入基盘鸢尾叶

Step 6 插入搭配基盘一叶兰

Tips 插制本件作品，我们需要掌握以下3个技巧

(1) 用枝叶剪修剪一叶兰叶片时，要注意是用剪刀刃划过叶片，不是上下剪切，划过的叶片相对无痕，更加自然；
(2) 处理鸢尾叶时，可使用姜荷花剪切下来的茎秆，从叶尖卷曲叶片，利用手心的温度给叶片塑形；
(3) 极简的插花作品，可以呈现作品的线条美、色彩美及花材美。多多许不如少少许，但一定注意用盛花遮挡剑山。

秀雅　　花作造型：直立型　　花作器皿：白色陶瓷花碗

斯人若彩虹，遇上方知有！茶道，花道，香道称为"三雅道"。插花的过程也是修行的过程，观察植物的每一个自然表情，发现她最好的一面并呈现出来，这其中也蕴含着我们的为人处世之道。就如同这件茶席碗花作品，干干净净的线条，如同茶色；清新淡雅的花朵，如同茶香。茶席插花，除了浅色也可用色相单一的间色、复色丰富茶席花作，增加情趣。总之适用有度，取色不宜太多，避免杂乱无章。茶席插花，表达天、地、人和之意，观照内心，让自己与自然和谐共处，平神静气，内心安宁澄明。

同类型作品赏析

美人

王遇安

紫颈盼兮美目叹兮,丽人睡眼惺忪。
纤纤玉指弱柳瘦腰,佳人常伴左右。

遇安花道碗花练习

线条练习／姜荷花

第七节
剑山固定缸花

花作理论：中国传统插花的素材特点

（1）线条自然流畅，仰俯呼应；
（2）盛花色彩相宜，上轻下重；
（3）配花健康秀美，高低错落；
（4）基盘厚重稳定，疏密有致。

花作立意：

2020年初，因为疫情，人们的生活受到了严重的影响和威胁。水蜡烛代表向上的力量，黄菊作为长寿花，火龙珠代表希望，愿疫情早点过去，春暖花开。

花作工具：枝材剪、钢剪、防水胶布
花作花材：水蜡烛、富贵竹、姜荷花、火龙珠、黄菊、龙柳、黄金柳、羊齿蕨
固定方式：10cm铜针剑山，剑山越大，作品稳定性越强

Step 1 插入主线条水蜡烛

Step 2 插入搭配线条富贵竹

Step 3 插入搭配花姜荷花

Step 4 插入主花黄菊

Step 5 插入点缀花火龙珠、搭配线条黄金柳和龙柳

Step 6 插入基盘羊齿蕨

Tips 插制本件作品，我们需要掌握以下两个技巧

（1）插制大件插花作品时，如果使用剑山或其他外力固定器，应选用和花器比例、重量匹配的花材，防止倾倒或由于花材过重而导致头重脚轻；

（2）相应的花材份量，也要随着花器的增大而提高，使作品看起来粗犷大气，勃勃生机。

山河无恙

花作造型：直立型　　花作器皿：深棕色陶瓷花缸

　　我是王遇安的爱人，闫先生。2020年的疫情，阻断了亲友相聚，大家万众一心，携手抗疫。2020年的国家，让我们感受到了大国的担当和身为一个中国人的骄傲。因为疫情，小区封闭了，我和爱人便在家习作教案，她天天在家插花，我天天跟着欣赏。日子久了，便也看懂了她眼中的那份美丽。于是，她当老师我当学生，寓教于乐地和花儿相处。几节课后，我发现，插花是一件能让人快乐的事。让我能去除浮躁，平静下来思考。思考当下，计划未来。家人闲适，灯火可亲。在一起才是这世间最真切的快乐与温暖。

同类型作品赏析

英武

王遇安

江湖儿女豪气忠义，侠骨柔情。
英雄出剑不斩苍蝇，雄姿英发。

第八节
枝材固定缸花

花作理论：中国传统插花——缸花

（1）象征：气魄，力量，将军；
（2）特点：选择大板块花材，一般作品较为粗犷庞大；
（3）造型：以直立型为主，显得沉稳庄重，也有倾斜型、平出型、下垂型等；
（4）固定：添枝固定，撒固定，捆扎固定，集束固定，密枝固定等。

花作立意：

母亲，平凡又伟大，是这个世界上不可替代的人。母爱如花，为自己的孩子释放出自己所有的芬芳。本件作品的枫叶枝条的构图也类似中国地图的样子，母亲，我的祖国。

花作工具：枝材剪、钢剪、皮筋
花作花材：枫叶、一叶兰、水仙百合、粉百合、春兰叶、柿子枝、羊齿蕨
固定方式：三角撒，分割缸口空间

第一章　六大花器　051

Step 1 插入主线条枫叶、柿子枝

Step 2 插入搭配线条春兰叶

Step 3 插入主花粉百合

Step 4 插入搭配花水仙百合，搭配线条枫叶

Step 5 插入搭配线条一叶兰

Step 6 插入基盘羊齿蕨

Tips 插制本件作品，我们需要掌握以下三个技巧

(1) 选取三根与圆肚缸最宽位置平齐的木本枝材做三角撒；
(2) 做三角撒时，需要注意皮筋的松紧程度，松紧适宜。不可太松，太松没有力道；不可太紧，太紧不够柔韧；
(3) 做三角撒时要注意的第三点：两细一粗。两根细枝材交叉捆绑，将粗枝材凌驾于两根细枝材之上进行捆绑，这样做出来的三角撒就可以轻松地投入缸口之中。

幽幽慈母心　　花作造型：倾斜型　　花作器皿：黑色圆肚陶瓷花缸

枫叶的花语是坚毅、刚强、坚忍不拔、不畏苦难。枫叶在深秋绚烂于枝头，代表了一种坚毅勇敢的精神，像妈妈一样，为自己的孩子遮风挡雨。香水百合，伟大的母爱。母亲，温柔而又坚韧，平凡而又伟大。母爱，是世界上最无私、最深沉的爱，既纯洁又质朴，是世界上最伟大的力量。女本柔弱，为母则刚，很好地诠释了一位女性成为母亲后的强大与坚强，对于母爱，唯有恩孝予以回报。借本件作品祝愿所有的母亲永远年轻美丽；也祝愿我们的祖国繁荣昌盛，万世太平。

同类型作品赏析

白头翁

唐·刘希夷

今年花落颜色改,明年花开复谁在?
已见松柏摧为薪,更闻桑田变沧海。

遇安花道缸花练习（煜子）

三角撒固定法

第九节
单剑山筒花

花作理论：中国传统插花常用素材的文化意义

（1）荷花：出淤泥而不染，被视为清净高洁，正直中正的象征；
（2）牡丹：花大色艳，雍容华贵，国色天香，被称为花中之王，是富贵的象征；
（3）梅花：凌霜傲雪，清高淡雅，坚韧不拔的精神品质，是吉祥平安的象征；
（4）桂花：寓意中秋团圆，官运亨通，财源广进，是福禄的象征；
（5）竹子：中通外直，是虚心和忠诚的象征；
（6）松柏：威严与长寿的象征，还有庇佑后代之意；
（7）菊花：采菊东篱下，悠然见南山，菊花象征归隐、长寿。

花作立意：

观察雪柳枝条，给人一种非常高傲的感觉，人可以有傲骨，但不能有傲气。搭配百合与竹筒，插制出雪柳的风骨。

花作工具：枝材剪、皮筋、竹签
花作花材：雪柳、洋甘菊、橙小菊、橙百合、铁炮百合、羊齿蕨
固定方式：添枝固定，运用枝材的交错力

Step 1 插入主线条雪柳

Step 2 插入搭配线条铁炮百合

Step 3 插入主花橙百合

Step 4 插入焦点花橙百合

Step 5 插入搭配花橙小菊,点缀花洋甘菊

Step 6 插入基盘羊齿蕨

Tips 插制本件作品,我们需要掌握以下三个技巧

(1) 添枝固定,顾名思义,就是给原有的枝材上做延伸或扩充。我们选用竹签,不会过软导致枝材不稳,不会泡臭,污染水质;
(2) 做添枝固定时,一定要先考虑好枝材投入筒中的角度,这样在添枝时就可以按照角度捆绑竹签;
(3) 要记住之前投入至筒中的竹签角度,错力插花,防止筒内混乱或作品变形。

何处惹尘埃

花作造型：倾斜型　　花作器皿：双竹节竹制做旧花筒

记得开始学习插花时，刚好心情很差。不懂得花材如何取舍，拿起剪刀，咔咔咔几分钟一件作品就插好了。后来，上的课越多，对插花的了解就越多。国人表达情感时喜欢"以花喻人""以人喻花"，都讲究一种神韵美，而花在修剪的过程中，每一剪刀都会影响它的神韵，所以修剪时才需要仔细斟酌。插花表达的不仅是当时情感，同时也不断地教会我们如何取舍，我们要脱离对物品本身的迷恋，无用之物当"断"，多余之物当"舍"。多多许，不如少少许，断舍离。要时时刻刻照顾好自己的心灵，通过不断的修行来抗拒诱惑，以一种入世之心，适应生活，与生活握手言和。

同类型作品赏析

狗尾草

王遇安

秋风送子入大荒,无依无靠自成长。
不悲命运不叹苦,风轻雨淡到枯黄。

遇安花道筒花练习

线条练习／狗尾草

第十节
双剑山筒花

花作理论：中国传统插花——筒花

（1）象征：高洁，隐士，女子，纤瘦，廉洁；
（2）特点：竹筒瘦长，宜选用曲折的线条作造型，轻柔的线条与开放的花朵共求平衡；
（3）造型：四大基础造型均可，双隔筒可选用组合造型；
（4）固定：铜针剑山固定，添枝固定，撒固定，捆扎固定，集束固定，密枝固定；

花作立意：

这世间太多浮躁纷杂，让心无处安家，好在万物生长皆有灵性，将自己置身于花草树木之间，红尘俗世之外，取一件竹筒，插一些花儿，寻一份安闲。

花作工具：枝材剪
花作花材：雪柳、春兰叶、洋桔梗、粉紫渐变菊、紫小菊
固定方式：上层5cm铜针剑山，下层8cm铜针剑山

第一章 六大花器　063

Step 1 插入主线条雪柳

Step 2 插入搭配线条春兰叶

Step 3 插入主花粉紫渐变菊

Step 4 插入搭配花紫小菊

Step 5 插入点缀花洋桔梗花苞

Step 6 插入基盘羊齿蕨

Tips 插制本件作品，我们需要掌握以下两个技巧

(1) 选用大小不同的两枚铜针剑山，上小下大，上轻下重，所以插花时也要上少下多，上疏下密，使作品轻重相宜，大小得体；
(2) 整理春兰叶时，可以仿兰花插制，插出线条柔美又不失力量的感觉。

竹影清风

花作造型：组合型　　花作器皿：双层烤漆竹制竹筒

本件作品追求自然典雅之美，以精简的插花方式来展现雪柳的自然舞动之态。作品插制时，从两个极点出发，像极了脾性相合的两个人。既各自独立，又和谐统一。这两个人，可以是夫妻，夫唱妇随；可以是闺蜜，亲密温暖；也可以是同事，搭配合作。只有频率相同的人，才能感知彼此内心深处不为人知的优雅，懂得你的言外之意，理解你的言不由衷，尊重你的与众不同。

同类型作品赏析

减字木兰花

清·纳兰性德

相逢不语,一朵芙蓉著秋雨。小晕红潮,斜溜鬟心只凤翘。

待将低唤,直为凝情恐人见。欲诉幽怀,转过回阑叩玉钗。

遇安花道筒花练习

线条练习／雪柳

第十一节
收口篮篮花

花作理论：中国传统插花作品表现

（1）花作元素的自然之美；
（2）花作构图的形态之美；
（3）花作内涵的意趣之美；
（4）花作摆放的空间之美。

花作立意：

教师当如向日葵，需要心向阳光，为人师表，言传身教，传道授业，对人生，对教育，要有积极的心态，活泼而奋进。俗语说，一日为师，终身为师，新竹高于旧竹枝，全凭老干为扶持。

花作工具：枝材剪，防水胶布
花作花材：向日葵、菖蒲叶、黄金柳、洋桔梗、羊齿蕨
固定方式：8cm铜针剑山

第一章 六大花器 069

Step 1 插入主线条黄金柳

Step 2 插入主花向日葵

Step 3 插入搭配花向日葵

Step 4 插入点缀花洋桔梗

Step 5 插入搭配线条春兰叶

Step 6 插入基盘羊齿蕨

Tips 插制本件作品，我们需要掌握以下两个技巧

（1）插制篮花作品时，应在篮中做保水处理，一般情况下可以使用钵型碗放入其中，或使用保水囊对花材进行保水；
（2）在使用钵型碗时，需要将碗垫高，方便插制，也方便作品线条表现。

师恩深似海

花作造型：平出型　　花作器皿：竹编灯笼花篮

三人行必有我师焉。说起师恩似海深，从小到大，我们在课本中学习了多少典故：程门立雪，子贡结庐，明帝尊师。多少古人的故事，道不尽一句师恩似海深。但是今日，我却想再说一说家庭教育。常言道，父母是孩子最好的老师，但是很少有父母，在当父母前，愿意去学习如何成为一对好父母。初为父母，对孩子无条件溺爱，听之任之。却忘记了父母之爱子，则为之计深远。我们除了物质，更应该在精神层面给予孩子充分肯定，陪伴她、鼓励她、肯定她，让孩子精神上富足。师恩深似海，父母之恩似高山。

同类型作品赏析

客中初夏

宋·司马光

四月清和雨乍晴,南山当户转分明。
更无柳絮因风起,惟有葵花向日倾。

第十二节
广口篮篮花

花作理论：中国传统插花——篮花

（1）象征：吉祥、福禄、长寿、幸福、富贵等；
（2）特点：枝繁叶茂，色彩丰富，或朴实清雅，或潇洒自由，或雍容华贵；
（3）形态：直立型、倾斜型和组合型作品居多；
（4）固定：铜针剑山固定等。

花作立意：

竹，竹篮，富贵竹；红，大红，中国红；黄，金黄，万寿黄。人民，幸福安乐，富贵荣华；中国，蒸蒸日上，万寿无疆。

花作工具：枝材剪，枝叶剪
花作花材：菖蒲叶、黄百合、鸡冠花、万寿菊、鸟巢蕨、羊齿蕨、树根
固定方式：5cm铜针剑山，8cm铜针剑山

第一章 六大花器 075

Step 1 插入主线条菖蒲叶，搭配线条万寿菊

Step 2 插入搭配线条鸟巢蕨

Step 3 插入主花黄百合

Step 4 插入搭配花鸡冠花

Step 5 插入搭配花万寿菊

Step 6 插入基盘羊齿蕨

Tips 插制本件作品，我们需要掌握以下两个技巧

(1) 插制篮花组合型作品时，需要选用一大一小的剑山，这样无论是表达对比之美，还是和谐之美，都更加合适，令人心情舒畅；
(2) 在较为宽广的盘中插制作品时，如果要遮挡剑山，使作品更加饱满，可以选用树根、树皮或河滩石，同时能增加作品的枯荣对比感。

四海升平

花作造型：组合型　　花作器皿：竹编广口花篮

　　鸡冠花的花语是精神百倍，永生不死！作品选取红色的鸡冠花作为配花，模拟五星红旗上的小星星们。在鸡冠花的中间插置了一朵黄百合，她的花语是祝福财富，吉祥如意，象征祖国的国泰民安。左侧和右侧是万寿菊，象征祖国七十多年来取得的一个个成就，也祝福祖国万寿无疆！右后方的鸟巢蕨象征着一双双手，这一双双手是科学家们推动社会发展的手，这一双双手也是劳动人民推动社会生产力的手。羊齿蕨作为基盘，簇拥着花、叶和线条，也象征国家稳定繁荣的保障基石。五星红旗迎风飘扬，致敬祖国，致敬亿万万中国人。

同类型作品赏析

苕霅行和于潜令毛国华

紫兰花开为谁好，年年岁岁溪南道。
无人会得奈君何，且向紫兰花下醉。

宋·晁补之（节选）

遇安花道篮花练习
线条练习／水蜡烛

遇安花道

中国传统插花艺术教程（初阶版）

第二章 四大群体

中国传统插花四大流行群体分为民间、宗教、宫廷、文人。以流行群体划分插花风格，或纯朴自然、或虔诚心意、或贵气十足、或淡泊名利。插花艺术代表了中国社会各阶层人民对美的追求与理解。

第一节
民间·萌芽

花作理论：中国传统插花作品注重

（1）形态：师法自然，天人合一，虽由人作，宛自天开；
（2）心法：外师造化，内发心源，情景交融，形神兼备；
（3）姿态：高低错落，动态呼应，俯仰顾盼，刚柔曲直；
（4）时令：兰桃迎春，荷榴庇夏，菊桂护秋，梅竹斗寒；
（5）氛围：琴棋书画，人常安乐，诗酒歌茶，心自长安；
（6）传承：源远流长，博大精深，以花明志，借花抒情。

花作立意：

每天都要有良好的心境和向上的力量，这样才能一眼望见花儿的美，她人的好，以及门窗外面的风景。

花作工具：枝材剪，钢剪
花作花材：小叶黄杨、粉色扶郎花、水仙百合、茉莉花、羊齿蕨、树根
固定方式：6cm铜针剑山，辅助器的作用力

第二章 四大群体　083

Step 1 插入主线条小叶黄杨

Step 2 插入主花粉色扶郎花

Step 3 插入焦点花粉色扶郎花

Step 4 插入搭配花茉莉花

Step 5 插入基盘羊齿蕨

Step 6 放入树根

Tips　插制本件作品，我们需要掌握以下两个技巧

(1) 插制较为坚硬的木本枝材时，如何让枝材稳定在剑山上，这是很多同学在学习插花时的疑问。我们可以用钢剪，在木本枝材根部剪"米"字形刀口，对木本枝材根部进行分割，从而使木本枝材可以稳定地插在剑山之中；

(2) 如果要表达禅静感，我们可以借助树根、树皮、河滩石等元素，形成禅静风格。

偷得浮生半日闲　　花作造型：倾斜型　　作器皿：白色陶瓷花盘

　　2021年春，写个插花感悟。今日闲暇，静坐练笔。插花可以修心，插花的过程是缓慢和安静的，在观察和组合的过程中，寻找内心的平衡感。插花有利于学习，中国传统插花常与诗画结合，重在写意，学插花离不开中华传统文化的积淀。插花可以提高审美，花艺重在和谐，枝叶间的错落，色彩的明暗，四季的荣枯，体现哲学思想中的对立与统一。插花非常适合交友，有一群"造作"的花友，无分长幼，亦师亦友，共同"作妖"。日子就这样在插花中度过，安好幸运。

同类型作品赏析

早春呈水部张十八员外

天街小雨润如酥,草色遥看近却无。
最是一年春好处,绝胜烟柳满皇都。

唐·韩愈

遇安花道

一年好景君须记
最是橙黄橘绿时

二零二二年三月下旬

第二节
民间·结果

花作理论：中国传统插花——民间插花

受风俗文化、环境因素等影响，中国传统民间插花具有其独特的地域差异以及民族性。风格率真自然，取材广泛，热情活泼，热闹充实，形式单纯，不讲技巧。讲求色彩，往往姹紫嫣红，热闹非凡，偏爱红色，收获时插果实，喜富贵。广泛应用在节日插花、节气插花、祭祀插花中。

花作立意：

柿子寓意事事如意，象征着事业顺利和工作顺心，搭配花生时又寓意好事发生，更暗喻机遇与好运，属于吉祥植物。

花作工具：枝材剪、钢剪、皮筋
花作花材：龙柳、鸢尾叶、火焰兰、向日葵、康乃馨、水仙百合、柿子枝、羊齿蕨
固定方式：井字撒，分割缸口空间

Step 1 插入主线条柿子枝

Step 2 插入主花向日葵

Step 3 插入搭配花康乃馨,点缀花火焰兰

Step 4 插入搭配线条鸢尾叶,搭配花水仙百合

Step 5 插入搭配线条龙柳

Step 6 插入基盘羊齿蕨

Tips 插制本件作品,我们需要掌握以下两个技巧

(1) 井字撒是在三角撒的基础上,再次进行加工,分割缸口空间时使空间更小,适合插制较为纤细的木本枝材,如龙柳、雪柳、柿子等;

(2) 插制本件作品,需要学会用杠杆原理实现枝材借力。这样的方法,适合插制果类枝材,例如:橘子枝、海棠果、蔷薇果枝等,利用枝干和井字撒的作用力以及果子的重力,使枝材稳定在缸口或瓶口。

秋之硕果　　花作造型：倾斜型　　花作器皿：锈红色做旧圆肚花缸花

　　这个夏日好像要收尾了，我愿你是度过，不是错过。间隙抬眸，秋日已近，愿夏日里的些许遗憾，能被秋风温柔地吹散，所有美好不期而遇。秋天秋天，秋天的一朵小红花，秋天的第一杯奶茶，秋天夜里的星空，秋天暮色里的河流，秋天穿越窗口的一道光，转眼间夏天成了故事，秋天成了风景。过不了多久，又可以穿着薄薄的风衣，吃着甜甜的柿子。新的事业，新的征程，勇于开始，才能找到成功的方向。致敬曾经的过去，期待我们的未来，希望我们都能"柿"业顺利，"柿柿"如意，心想"柿"成。一晃两三年，匆匆又叶黄，若今夏仍有遗憾，那我愿你好在这个秋天。

同类型作品赏析

合家欢 　王遇安

葵花子多门楼贵，儿女英姿皆俊美。
柿子柿子事如意，阖家欢乐百禽肥。

你看那天空多遥远
你看那星空多美丽
生长的意义是什么

第三节
宫廷·瓶花

花作理论：中国传统插花的起源

（1）早在西汉时，已有把花枝均匀地插在盘中的简单插花形式；
（2）到东汉末年，插花成为佛事活动的供养物之一，此后很长一段时间插花都带有浓郁的宗教色彩；
（3）隋唐时，插花从佛前供花扩展到宫廷和民间，出现了花文化，插花艺术日趋成熟，并在这个时期随着外交、文化、宗教等交流活动传入日本。

花作立意：

锦上添花易，雪中送炭难。在他人获得成就庆祝喜悦时，我愿自己能够真心祝福，为他鼓掌；在他人有被帮助需求时，我也愿自己能有伸出援手的能力，不退缩，不迟疑。

花作工具：枝材剪，钢剪
花作花材：雪柳、火龙珠、鼠尾花、跳舞兰、千代兰、黄金柳、粉百合、紫小菊、粉绣球、香叶天竺葵
固定方式：集束固定，借助枝材之间的交叉力

Step 1 插入主线条雪柳,搭配线条香叶天竺葵和黄金柳

Step 2 插入搭配花紫小菊、火龙珠、鼠尾花

Step 3 插入主花粉百合

Step 4 插入搭配线条跳舞兰、千代兰

Step 5 插入基盘粉绣球

Step 6 插入搭配基盘绣球叶片

Tips 插制本件作品,我们需要掌握以下三个技巧

(1) 在使用集束固定法时,我们可以先将所有的枝材按照比例修剪好,集束成把,欣赏花材的层次感;

(2) 插制集束固定的瓶花时,尽量选用分叉较多的木本线条,使去掉叶片的线条自然分割瓶口空间,为插制花材打好基础;

(3) 集束固定法插制的作品,一般情况下花材较多,要注意色彩搭配和虚实结合。

繁花似锦　　花作造型：S 型　　花作器皿：红色松鹤长春六方瓶

你出生在什么样的环境里，你要成为什么样的人，都说近朱者赤近墨者黑，我不否认这个观点。但你仔细观察一下你身边，一定也有这样的人：认真学习，努力奋斗，冲破了原生家庭的思想限制，我想告诉你，财富需要努力，但善良是一种选择。穷则独善其身，达则兼济天下。就和插花一样，你拿到什么样的花材，出什么样的插花作品，要成为什么样的人，都是你的选择。学习插花这么久，我对花道的理解，就是不设限制，不下定义，不做评判。无孰是孰非，孰对孰错。花如此，人亦是如此。

同类型作品赏析

清平调·其一
唐·李白

云想衣裳花想容，春风拂槛露华浓。
若非群玉山头见，会向瑶台月下逢。

遇安花道
瓶花·遥遥相望
二零二二年一月上旬

第四节
宫廷·缸花

花作理论：中国传统插花——宫廷插花

插花是人们心灵与自然的契合，有物我两忘的意境，也是自然生态与人文情思互动的综合性艺术。插花是我国重要的古典艺术之一，到了唐宋，这种修养与焚香、点茶、挂画同称生活四艺，成为当时人们最普遍、最基本的修养。当时风气之盛，下至街坊茶肆，上至皇宫贵族，无不热衷此道，尤其在欧阳修、周密等文人插花大家提倡下，发扬光大，体系分明。分为文人插花、民间插花、宫廷插花、宗教插花。

花作立意：

自古以来多子多福是中国各族人民心里共同的期盼，向日葵花开多子，象征多子多福，向日葵花色暗合了帝王的御用黄色，看起来高贵繁荣。

花作工具：枝材剪、钢剪、枝叶剪、皮筋、竹签
花作花材：龟背竹、向日葵、一叶兰、洋桔梗、羊齿蕨
固定方式：三角撒，分割缸口空间

Step 1 布三角撒

Step 2 插入主线条龟背竹、向日葵和一叶兰

Step 3 插入搭配线条龟背竹

Step 4 插入主花向日葵

Step 5 插入基盘羊齿蕨

Step 6 插入搭配花洋桔梗

Tips 插制本件作品，我们需要掌握以下三个技巧

(1) 片状花材一般的使用方法都是用来插制基盘叶，如羊齿蕨、八角金盘、龟背竹等。但是本件作品却选用了龟背竹作为线条呈现，作为线条呈现时，需要展现出龟背竹流畅的线条感。常用来表达父母长辈之爱、庇佑、安居乐业等沉稳厚重、富有安全感的主题；

(2) 由于龟背竹过于宽大厚重，所以在搭配花材时，我们会按比例及比重搭配块状花材，如向日葵、百合、扶郎花等；

(3) 美是在矛盾中产生的，在线条和主花都比较粗大的情况下，我们就需要选择较为纤瘦的花材搭配，以平衡作品的份量感，例如：洋桔梗、火龙珠、小菊、多头康乃馨等。

遮挡风霜

花作造型： 直立型　　**花作器皿：** 影青色圆肚陶瓷花缸

作品中龟背竹应选取宽大厚实的叶面，达到保护向日葵成长的意境，但也不宜过于肥大，避免完全遮住向日葵，过犹不及。

龟背竹作为主体线条形态并不常见，但在本件作品中硕大的叶面像是家里的家长，为可爱的三小支向日葵遮风挡雨，三小支向日葵争相探出头来，她们自由开心地生长，姿态舒展！基盘鸟巢蕨的叶尖和两片龟背竹叶最尖点形成三角形，使整幅作品稳定平衡。三片一叶兰既起到基盘作用，又是搭配线条的作用，一叶兰形态舒展洒脱浪漫，和向日葵的自由形态形成强烈呼应。

同类型作品赏析

诫子书

三国·诸葛亮

夫君子之行,静以修身,俭以养德。非淡泊无以明志,非宁静无以致远。

遇安花道缸花练习

缸型瓶／一叶兰

第五节
宗教·百合

花作理论：中国传统插花的周边元素

（1）四季花木，菜蔬瓜果；
（2）文房四宝，奇石盆景；
（3）茶具书几，节庆摆设；
（4）吉祥工艺，儿童玩具；
（5）古琴琵琶，传统乐器；
（6）香炉陶杯，存水器皿。

花作立意：

凌乱的雪柳枝纵横交错，枯寂的龙柳如禅师打坐，娇艳的百合花像一个个我们，我问佛：为何不给世间所有人舒适的生活，佛说：我也很忙。

花作工具：枝材剪，钢剪
花作花材：龙柳、雪柳、红百合、水仙百合、火焰兰、羊齿蕨、河滩石
固定方式：三角撒，分割缸口空间

Step 1 插入主线条龙柳、雪柳

Step 2 插入搭配线条火焰兰、鸢尾叶

Step 3 插入搭配花水仙百合

Step 4 插入主花红百合

Step 5 插入基盘羊齿蕨

Step 6 搭配河滩石

Tips 插制本件作品，我们需要掌握以下两个技巧

（1）插花讲究虚实结合，在插制百合花这种花瓣大而肥的花材时，我们可以搭配较为瘦而虚的线条，例如：雪柳、火焰兰、桃枝等；

（2）一般情况下入水的草本叶片都需要被清理干净，这样的概念会将大家引入误区，买回来的花材第一时间剥离掉所有叶片，这样就失去了一些可以使用和呈现美感的元素，例如：小百合叶、康乃馨秆芽、菊花分枝叶等。

热爱兵荒马乱的生活　　花作造型：直立型　　花作器皿：深棕色做旧圆肚花缸

佛家说因果，讲轮回，世人不知有因果，因果何曾饶过谁？你的动心起念，当下所受都是因果。我这几天，心里一直在琢磨一个词"值得"。我们都很在乎生活里的安全感，存在感。以至于自然的付出，也多少想索取些什么。这份付出，长久的没有回报，我们就会无奈、放弃、甚至是愤怒。实际上，当我们付出时，就应该将这份付出看得淡然些，认真地付出，大胆地努力，若是能有些回报，那就极好，若是没有，你自己在这个过程中也享受、成长了。岁月渐深，人心渐老，因果、轮回、命运、缘分，看淡点，再淡点。

同类型作品赏析

和曹东谷韵 宋·谢枋

万古纲常担上肩，脊梁铁硬对皇天。
人生芳秽有千载，世上荣枯无百年。

第六节
宗教·荷花

花作理论：中国传统插花——宗教插花

在汉朝时期，佛教传到了我国。由于这一宗教在很多方面上都非常迎合我国人民的思想与概念，所以在当时非常流行。尤其是在南北朝时期，有诗：南朝四百八十寺，多少楼台烟雨中。就是在这样的一个背景之下，我国的插花艺术文化诞生了。从此，中国传统插花进入了发展时期。

花作立意：

人的一生从出生到故去，要经历许许多多我们能承受和不能承受的故事，怨憎会，爱别离，求不得。佛家讲：凡所有相，皆是虚妄，若见诸相非相，则见如来。偏执是所有痛苦的来源，我们应该在人生的每个阶段乐在其中。

花作工具：枝材剪、铁丝剪、铁丝、防水胶布、注水器、打火机
花作花材：荷花、荷叶、莲蓬
固定方式：8cm铜针剑山，辅助器的作用力

第二章 四大群体 113

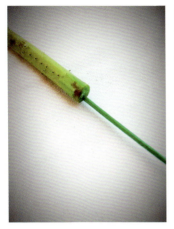

Step 1 在荷花秆茎根部插入变形铁丝

Step 2 给荷花塑形

Step 3 插入主线条荷叶

Step 4 插入搭配线条荷叶

Step 5 插入搭配花莲蓬

Step 6 插入主花荷花

Tips 插制本件作品，我们需要掌握以下两个技巧

(1) 大部分花友插制荷花时，都会发生脱水现象，所以在使用荷花插花时一定要进行保水处理。方法一：剪切下来的荷花荷叶，第一时间用泥封住切口孔，可使荷花几日不谢；方法二：集采的荷花首先清理干净，用保鲜膜加保水棉包裹住根部，然后放入冰箱冷藏室随取随用；方法三：当下就要使用的荷花荷叶，可以用注水器向根部注水，进行保水处理；

(2) 插制荷花荷叶时，如果要给茎秆塑形，可以用铁丝插入茎秆的空心孔里，将手心搓热利用有温度的手部发力，揉搓茎秆塑形。

人这辈子　　花作造型：直立型　　花作器皿：黑色点墨高脚花盘

　　作品呈现了荷花的五种状态，像极了人生的五个阶段。最小的花骨朵是含苞状态，像是我们的童年；稍大一点的是初放，像是我们的少年时期；焦点花是怒放的状态，最值得奋斗的中年时期；黄色花蕊是凋谢，退居幕后；莲蓬是结子，儿孙满堂。在作品中能够品读到时光的流转，生命每个阶段都有其责任和意义，新生是希望，绽放是魅力，凋零是沉淀积累，结子是孕育新的希望。每个阶段的转化是随时间自然发生的，当转化来临时，我们需善于发现每个阶段的美好意义，保持内心的平静和安稳，不急不躁，不慕他人，安心做好自己当下的事情，活在当下，爱在当下。

同类型作品赏析

莲花

佛印玄禅法师

玉在池中莲出水,污染不能绝方比。
大家如是苦承担,洞庭一夜秋风起。

遇安花道
碗花·荷塘清雅

二零二一年六月下旬

第七节
文人·风骨

花作理论：中国传统插花花器欣赏角度

（1）材质：金属器皿，陶瓷器皿，竹制器皿，藤编器皿，天然器皿等；
（2）颜色：暖色，冷色，无极色，渐变色，差异色，做旧色等；
（3）纹路：哑光，亮面，规律花纹，寓意花纹，不规则纹路，点墨状等；
（4）形状：常规形状，圆形，高脚器，六棱形，异形，球形等；
（5）文化：年代，寓意，内涵，情怀表达等。

花作立意：

为忆长安烂漫开，我今移尔满庭栽。将长寿花插制成花作，摆放至书房或茶案之上，高远逸清，满腹清正之意。

花作工具：枝材剪
花作花材：龙柳、姜荷花、黄菊、火龙珠、海桐枝、黄金柳
固定方式：8cm铜针剑山，辅助器的作用力

Step 1 插入主线条龙柳

Step 2 插入搭配线条海桐枝

Step 3 插入主花黄菊

Step 4 插入搭配花姜荷花

Step 5 插入点缀花火龙珠

Step 6 插入基盘黄金柳

Tips 插制本件作品，我们需要掌握以下两个技巧

（1）在插制文人花时，搭配花材色彩不能过于浓艳或绚丽，当然也可以根据个人喜好进行搭配。注意：审美可以小众，却不能古怪；

（2）在插制篮花时，需要多角度观察作品，调整线条及花枝，使花材犹如从篮中盛放开来，俯仰呼应，虚实结合，从而保证作品的观赏性。

与先生对话千年

花作造型：直立型　花作器皿：竹编灯笼花篮

晋陶渊明独爱菊。说到以菊花为主题的插花形式，就不得不讲陶渊明。陶渊明，东晋大诗人，也是我国历史上第一位爱菊成癖的文学家。采菊东篱下，悠然见南山，先生种菊，采菊，食菊，赏菊，咏菊，颂菊，与菊为伴，甚至给他的小女儿取名为爱菊。傍晚闲暇之余，先生于青松之下，于自然之中，忘却人间无数事。他不为五斗米折腰的风骨为菊花新增了清新隐逸之气、高风亮节之德、朗朗乾坤之势。插制本件花作，仿若穿越了千年，在一个风雨兼程的午后，与先生在草庐屋檐之下，讨杯花茶，对话千年，别有一番滋味涌上心头。

同类型作品赏析

饮酒其五

晋·陶渊明

采菊东篱下,悠然见南山。
山气日夕佳,飞鸟相与还。
此中有真意,欲辨已忘言。

第八节
文人·希望

花作理论：中国传统插花——文人插花

文人插花，以朴素清雅为原则，别具一格，新颖别致，与众不同，常将心胸之中的灵慧洒脱、高洁文艺、学思情怀，应用于大自然中的花草，风格讲究简洁飘逸、灵动婉约、意境深邃、色彩淡雅。或在山水之间或在庙堂之上，构成文人生活艺术的插花形式。

花作立意：

万绿丛中一抹娇艳，花朵的娇美尤为突出，恰似"柳暗花明又一村"，美丽是需要衬托的，每样事物都有自己独特的美。

花作工具：枝材剪、枝叶剪
花作花材：雪柳、红百合、洋桔梗、
　　　　　千代兰、黄金柳、龟背竹
固定方式：纵横枝叉固定

第二章 四大群体 125

Step 1 插入主线条雪柳

Step 2 插入搭配线条龟背竹

Step 3 插入焦点花红百合，搭配花洋桔梗

Step 4 插入基盘羊齿蕨

Step 5 插入搭配线条雪柳，主花红百合

Step 6 插入点缀花千代兰、黄金柳

Tips 插制本件作品，我们需要掌握以下三个技巧

(1) 讲宫廷插花时，我们阐述了龟背竹的主线条用法。本件作品我们借助枝叶剪修剪龟背竹叶面形状，表达龟背竹搭配线条的用法，注意龟背竹插制时的层次感；
(2) 为了使龟背竹作为搭配线条不显呆板，我们可以在它的前方位插制律动感强烈的花材，例如：跳舞兰、千代兰、铃兰等；
(3) 如此"实"的搭配线条，务必要搭配"虚"的主线条，表达虚实结合。

柳暗花明

花作造型： 倾斜型　　**花作器皿：** 墨绿色文人调陶瓷花瓶

　　雪柳线条的使用，错落有致。花材的选择要根据器皿进行调整，要从形态、色彩及表达意义等几方面考虑，选择合适的花材。"山重水复疑无路，柳暗花明又一村。"在雪柳和龟背竹的包裹下，百合的娇美尤为突出，加以洋桔梗、兰花的点缀，似花开美景。在生活中、工作中，总会有各种各样的问题接踵而至，让我们压力倍增，看似缠绕不清，困难重重，但如果换个角度、换一种方法，就一定会遇到转机，找到合适的解决办法。花开一瞬，草木一秋，春华秋实，皆是心意。真正长久的文艺，无论花费多少心思和精力，都是值得的，别让我们的生活败给平庸和无趣。

同类型作品赏析

洛神赋 三国·曹植

远而望之,皎若太阳升朝霞;
迫而察之,灼若芙蕖出渌波。
翩若惊鸿,婉若游龙。

遇安花道·明月
花似鹿葱还耐久
叶如芍药不多深

過安花道

中国传统插花艺术教程（初阶版）

第三章 废弃枝材

废弃枝材插花使用了插花时剪碎的线条、碎片、茎秆，户外捡拾的树叶、树根、树皮、枯木、果实、石头等。节约节俭珍惜资源，天地万物不归我所有，但皆能为我所用的心态。废弃枝材插花是遇安花道新兴的插花理念：静以养心、俭以养德。

第一节
废弃碎片线条

花作理论：中国传统插花常用的元素

（1）枝干：龙柳，雪柳，梅枝，樱枝，桃枝，李枝，桂花枝，龙枣枝，松柏枝，竹子等；
（2）叶片：散尾葵，羊齿蕨，龟背竹，小天使，八角金盘，一叶兰，鸟巢蕨，朱蕉等；
（3）花朵：芍药，百合，牡丹，菊花，月季，兰花，向日葵，洋桔梗，姜荷花，荷花等；
（4）果实：海棠果，蔷薇果，柿子，山楂，火棘果，橘子，石榴，火龙珠，苦果子等；
（5）枯木：树根，树皮，藤条，朽木，逢春木等；
（6）石头：河滩石，山石，玉石，鹅卵石，云英石等。

花作立意：

何娜是我们教室的现代花艺老师，她最初学中式插花一段时间后跟老师说："我还喜欢热闹一点的作品，每次插完传统插花作品后剪掉的一些枝材我都觉得很可惜，如果能有一种插花形式把这些枝材再次运用，会特别好。"所以我们就"废弃枝材处理"提出课题，并加以实践。

花作工具：枝材剪
花作花材：水蜡烛、蓬莱松、康乃馨、红色扶郎花、松果菊、河滩石
固定方式：2枚6cm铜针剑山

Step 1 放入两个剑山，加水

Step 2 插入主线条水蜡烛

Step 3 插入主花红色扶郎花、松果菊

Step 4 插入搭配花粉色康乃馨

Step 5 放入基盘石河滩石

Step 6 插入基盘蓬莱松

Tips 插制本件作品，我们需要掌握以下两个技巧

(1) 使用剑山插制较繁重的线形枝材时，要注意枝材分布，尽量保持平衡，防止枝材过重导致剑山倾倒；

(2) 使用色彩较为突出明艳的花器时，可以使用互补色枝材，例如：红配蓝、紫配黄等，呈现作品的明艳之美。

何娜的花园　　花作造型：组合型　　花作器皿：水蓝色新月型高脚陶瓷花盘

与何娜老师结缘是在2018年，她是遇安老师开始教学后的第二位同学，准确地来说，她是第二位同学的妈妈.这位妈妈每次在女儿上插花课后都会问："老师，我女儿今天有没有很开心？"。忽然想起一段话：人成年以后，日子一天一天地过，有人问你挣了多少钱，却从来没有人关心过你累不累，开不开心。何娜老师的这句话，深深地感动了创业初期的遇安老师，也为她们日后的友谊奠定了基础。相处半年后何娜老师也开始报名学习，并提出了很多自己对插花独特的见解，例如"废弃枝材处理"理念。于是就这样，遇安花道每期集训课程的最后一天，都会教大家一种废弃枝材处理的方式。残余的水蜡烛茎秆；零零碎碎的蓬莱松；树上落下的叶片，各种插中式插花剩余的枝材，释放出她们别样的靓丽美好。节能，珍惜，对世界充满热爱。天地万物皆不归我所有，但均能为我所用。

同类型作品赏析

咏绣球花

明·王世贞

浅白微青艳更柔,淡烟轻雨施仍收。
流苏带缓初成结,翡翠帘垂半压钩?

遇安花道盘花练习

新中式插花／水蜡烛

育红花作

第二节
废弃茎秆线条

花作理论：中国传统插花的枝材

（1）素材：陆生木本枝材；陆生草本枝材；水生木本枝材；水生草本枝材；
（2）形态：直线枝材，折线枝材，曲线枝材，波折枝材，不规则枝材；
（3）质感：纤瘦对厚重，光滑对粗糙，婀娜对挺拔，细嫩对枯槁等；
（4）评析：行云流水，婀娜多姿，丰姿矫健，亭亭玉立，气势磅礴，势如破竹等。

花作立意：

水蜡烛常使用茎梢，运输过程中茎秆常常会被折断，被折断的茎秆往往会被丢掉，作者出于对枝材的爱惜，创作出本组新中式作品。

花作工具：枝材剪、注水器、打火机
花作花材：水蜡烛、荷花、荷叶、莲蓬
固定方式：8cm铜针剑山，辅助器的作用力

第三章　废弃枝材　139

Step 1 放置剑山后加水

Step 2 插入主线条水蜡烛

Step 3 插入搭配线条水蜡烛

Step 4 插入主花荷花

Step 5 插入搭配花莲蓬

Step 6 插入基盘荷叶

Tips　插制本件作品，我们需要掌握以下三个技巧

(1) 使用草本的线形枝材水蜡烛，做新中式空间架构插花作品时，要注重图形的层次错落，表现出框架美；

(2) 一般情况下，最高框架的高是最低框架的1.5～2倍之间，最低框架的宽是最高框架的1.5～2倍之间；

(3) 折水蜡烛时，要注意迎光正面和背光反面的区别，从迎光正面向后折枝，防止折断。

水中仙

花作造型：空间直立型　　花作器皿：黑色点墨高脚花盘

水蜡烛的折叠框架要高低错落，荷花秆里可以推入塑形铁丝，手动弯曲造型，使形态更加优美，注意要起把宜紧。古人称荷花为花中君子，象征清白、高洁、爱情和友情，三朵荷花形态优美，遵循了7∶5∶3的比例关系，莲蓬作为搭配衬托在荷花旁侧，荷叶作为基盘与荷花莲蓬搭配营造出荷塘的画面，如"小荷才露尖尖角，早有蜻蜓立上头"。作品也表达出了荷花"出淤泥而不染，濯清涟而不妖"的气质。而水蜡烛废弃枝材再利用，体现了不浪费的环保理念，高低错落增加了作品层次，使作品更加丰富细致。

同类型作品赏析

赠荷花

唐·李商隐

世间花叶不相伦,花入金盆叶作尘。
惟有绿荷红菡萏,卷舒开合任天真。
此花此叶常相映,翠减红衰愁杀人。

遇安花道盘花练习

新中式插花／水蜡烛

第三节
废弃碎片固定

花作理论：中国传统插花的法则

（1）高低错落：避免主要花朵在同一水平线或同一垂直线上；
（2）疏密有致：焦点处要密，线条处注重留白，疏密对比不要过满，满则亏；
（3）虚实结合：块状花为实，细碎花为虚，面状叶为实，线状叶为虚；
（4）仰俯呼应：上下左右的花朵枝材要围绕重心顾盼相应，反映整体性，保持平衡性；
（5）上轻下重：花苞在上，盛花在下；浅色在上，深色在下；
（6）上散下聚：底部起把宜紧，根部聚拢，顶部发挥个性，婀娜多姿，自然有序。

花作立意：

岁岁何妨醉此间，年年今日见慈颜，天伦之乐安长幼，共享人间过百年。人这辈子不求大富大贵，只求儿女满堂，子孝孙贤，家庭和睦，就是人生最大的天伦之乐。

花作工具：枝材剪、枝叶剪、皮筋
花作花材：水蜡烛、鸢尾叶、蓬莱松、火焰兰、松果菊、干莲蓬
固定方式：集枝撒，借助枝材间的挤压力

Step 1 布集枝撒

Step 2 插入主线条鸢尾叶

Step 3 放入河滩石固定,插入配花松果菊、火焰兰

Step 4 放入装饰干莲蓬

Step 5 插入焦点花荷花

Step 6 插入基盘蓬莱松

Tips 插制本件作品,我们需要掌握以下三个技巧

(1) 选用做固定的枝材叶片时,最好选用木本枝材或水生枝材,水生枝材长期泡水,一般不会腐烂变臭,污染水质;

(2) 用水蜡烛做固定时,应选取略宽于盘直径0.5cm左右的枝材,放入盘中时刚好可以卡紧,不会左摇右晃;

(3) 在这样的固定基础之下插花,可以选择雾状枝材,例如:蓬莱松、喷泉草、文竹等,对盘内进行装饰,增加作品的美感及稳定感。

天伦之乐　　花作造型：组合型　　花作器皿：白色陶瓷花盘

这个系列的作品灵感来源，是因为我们插制中国传统插花作品时会有一部分耗损，为了整合这部分耗损，我们借助中国传统插花的方式和构图原则，进行耗损枝材整理。水蜡烛和鸢尾叶线条优美，颜色搭配渐变和谐，与荷花形成高度比例关系。荷花、干莲蓬、火焰兰和松球菊枯荣对比，表达生命之力量，天门冬作为基盘增加作品的细腻感，两朵小花像两位可爱的小朋友，鸢尾叶像爸爸一样笔直地站立在风雨里，荷花像妈妈温柔地笑着，干莲蓬像苍老的奶奶享受着天伦之乐，作品仿佛是其乐融融的一家人。

同类型作品赏析

清平乐·村居 宋·辛弃疾

茅檐低小,溪上青青草。
醉里吴音相媚好,白发谁家翁媪?
大儿锄豆溪东,中儿正织鸡笼。
最喜小儿亡赖,溪头卧剥莲蓬。

遇安花道盘花练习

传统插花／鸢尾

第四节
废弃树根固定

花作理论：中国传统插花的叶材

（1）素材：陆生木本叶材；陆生草本叶材；水生木本叶材；水生草本叶材；
（2）形态：针形，带形，披针形，椭圆形，卵形，菱形，扇形，圆形，掌形等；
（3）质感：针叶对圆叶，嫩叶对枯叶，虚叶对实叶，轻叶对重叶等；
（4）评析：枝繁叶茂，枝叶扶疏，柔枝嫩叶，层林尽展，青翠欲滴，疾风秋叶等。

花作立意：

本件作品固定法的灵感来源是奶奶的柴禾堆，一堆又一堆的木头被劈成柴。《管子·权修》："一年之计，莫如树谷；十年之计，莫如树木；终身之计，莫如树人。"辛辛苦苦长大的树木就这样被烧了，实在可惜，心生怜悯。遂拿了几枝，尝试着插花使用。

花作工具：枝材剪、钢剪、防水胶布
花作花材：银杏枝、小天使、铁炮百合、红百合、散尾葵、水蜡烛
固定方式：树根撒，借助树根缩小缸口空间

Step 1 布树根撒固定

Step 2 插入主线条银杏枝

Step 3 插入搭配线条散尾葵、菖蒲叶

Step 4 插入主花红百合

Step 5 插入搭配花铁炮百合

Step 6 插入基盘小天使

Tips 插制本件作品，我们需要掌握以下两个技巧

(1) 布树根撒时要注意，树根在作品里既是"固定器"，又是基盘位的审美焦点。除却分割瓶口、缸口空间，又要注重其美感、厚重感、稳定感；

(2) 利用树根撒插花时，最好选用分叉较多的树根，这样在插制线条时更好寻找稳定角度。

奶奶的柴禾堆　　花作造型：N型　　花作器皿：墨绿渐变圆肚花缸

　　我们都是生活在普通世界里的普通人，有人安贫乐富，有人向上挣扎，有人瞻前顾后，有人一腔孤勇，但无论如何请你相信从出生开始，有一份天缘就是为你而生。日出东海落于西山，愁是一天，喜是一天；遇事不钻牛角尖，人也舒坦，心也舒坦；全家老少互慰勉，贫能相安，富能相安。

同类型作品赏析

长恨歌

唐·白居易

骊宫高处入青云,仙乐风飘处处闻。
缓歌慢舞凝丝竹,尽日君王看不足。

遇安花道缸花练习

线条练习／银杏

第五节
手工花朵

花作理论：中国传统插花的花材

（1）素材：陆生木本花材；陆生草本花材；水生木本花材；水生草本花材；
（2）形态：单瓣花材，重瓣花材，单头花材，多头花材，生花材，盛花材，落花材等；
（3）质感：清丽对明艳，骨朵对盛花，素雅对富贵，娇柔对枯寂等；
（4）评析：姹紫嫣红，繁花似锦，绿肥红瘦，争奇斗艳，傲霜斗雪等。

花作立意：

洋洋洒洒的树叶从天而降，不知道你会不会想要伸手抓住它，让它在你的指尖跳舞，经过层层的制作，树叶蜕变成了一朵花，如果要给这朵花取个名字，我希望它是："有钱花"，哈哈哈。

花作工具：枝材剪、防水胶布、QQ线
花作花材：水蜡烛、百日红、火龙珠、蓝星球、银杏叶手工花、羊齿蕨、绿毛球
固定方式：2枚6cm铜针剑山

第三章 废弃枝材 157

Step 1 插入主线条水蜡烛

Step 2 插入主花百日红,搭配花火龙珠

Step 3 插入搭配花银杏叶手工花

Step 4 插入绿毛球填补底部空间

Step 5 插入基盘羊齿蕨

Step 6 插入点缀花蓝星球

Tips 插制本件作品,我们需要掌握以下两个技巧

(1) 用叶片做手工花时,将第一片叶子包裹在竹签上,使用QQ线将其缠紧,再依次螺旋状叠加叶片缠紧,最后用防水胶布缠绕竹签,呈现"绿枝干"的感觉,使做出来的花朵更加逼真;
(2) 可以做手工花的叶片有:银杏叶、枫叶、杨树叶等。

做朵花儿吧

花作造型：组合型　　花作器皿：深蓝色弯月型陶瓷花盘

　　我做手工10年了，这个10年的定义，是指从我第一次卖手工的饰品获利开始。我们用自己的双手和智慧做出最朴实、最原始的艺术作品，即使它会丑陋和幼稚，但因为有我们的汗水和努力，有我们的想法和设计，有我们参与整个过程，它就是最特别的，最独一无二的。我们享受这个过程，也享受最终的成果。这路遥马急的人间，愿你我平安喜乐！

同类型作品赏析

集杜句为老母寿 宋·项安世

禁城春色晓苍苍,花气浑如百合香。
万岁千秋奉明主,南极老人应寿昌。

遇安花道盘花练习

废弃枝材·银杏叶花／水蜡烛茎秆

第六节
废弃果实

花作理论：中国传统插花的果实

（1）素材：陆生木本果实；陆生草本果实；水生木本果实；水生草本果实；
（2）形态：单果，聚合果，复果，肉质果，荚果，仁果，核果，坚果，浆果等；
（3）质感：单一对聚合，干果对肉果，明亮对深暗，土生对树生等；
（4）评析：硕果累累，五谷丰登，春华秋实，春种秋收，满载而归等。

花作立意：

掉落的蔷薇果成串的用钢草穿起来，整理成糖葫芦串样，做出造型，生活的本质是在玻璃碴中找糖吃。若生活一地鸡毛，也要想办法扎成鸡毛掸子，弹弹生活里的灰。

花作工具：枝材剪、竹签、扎带
花作花材：红玫瑰、万寿菊、蓬莱松、钢草、蔷薇果、羊齿蕨
固定方式：枝材反弹，借助木本枝材的自身弹力

第三章　废弃枝材

Step 1 插入主线条钢草、蔷薇果

Step 2 插入搭配线条钢草、蔷薇果

Step 3 插入搭配线条万寿菊

Step 4 插入主花红玫瑰

Step 5 插入基盘羊齿蕨、蓬莱松

Step 6 加入搭配装饰石榴

Tips 技巧解析

使用掉落的小果子作为插花元素时，我们需要设计组合做一些手工的内容。用小竹签从果子的中心穿过，使果子像宝石一样成为可以"穿珠"的素材，随后可以使用线状枝材钢草逐一穿过，排列组合，让成串的果子成为插花的新元素。

铿锵玫瑰 　花作造型：下垂型　　花作器皿：手绘石榴陶瓷小颈瓶

　　时光荏苒，转眼间就从二八年华转变成了孩子妈妈，你可曾记得儿时的美好时光，记忆里老爷爷背着走街串巷吆喝的糖葫芦串。我依稀记得小时候的路边，长满了各种小花，一丛丛的狗尾草随风摇曳，童年是那样的无忧无虑。

　　如今这个社会，对女性的要求太高，兼顾工作、家庭的同时，还要求我们要像玫瑰一样美丽。辛苦到不能自我时，压力倍增，多少次濒临崩溃，却又在哭过之后重新来过。但无论如何，我们都要在自己的角色里，坚强美丽，未来的生活依旧充满艰辛，而我们也要保持初心，盼望未来可期。

同类型作品赏析

卜算子·片片蝶衣轻

宋·刘克庄

片片蝶衣轻,点点猩红小。
道是天公不惜花,百种千般巧。
朝见树头繁,暮见枝头少。
道是天公果惜花,雨洗风吹了。

遇安花道瓶花练习

线条练习/钢草

第七节
枯木植物

花作理论：新中式插花风格与技巧

（1）风格：遵循中国传统插花的风格，再经过现代花艺的艺术加工：构思造型、色彩搭配、结合现实、设计场景等，形成作品独特的风格，体现人与作品的强烈互动，让观赏者解读与感悟。

（2）技巧：遵循中国传统插花的技巧，再经过现代花艺的技术加工：修剪、整枝、捆绑、黏贴、串珠、穿刺、重叠、加框、堆积及影子设计等技法，将花材排列组合，设计成赏心悦目的新中式插花作品。

花作立意：

我是小米妈，一位单亲妈妈，老师说黄玫瑰的花语是为爱道歉，我从不觉得自己对不起任何人，但对女儿心里会有些许心酸和遗憾。

花作工具：枝材剪、钢剪、皮筋
花作花材：龙柳、多头红玫瑰、黄玫瑰、火焰兰、羊齿蕨
固定方式：三角撒，分割缸口空间

Step 1 插入主线条龙柳

Step 2 插入搭配线条火焰兰叶

Step 3 插入主花多头玫瑰

Step 4 插入点缀花火焰兰

Step 5 插入搭配花黄玫瑰

Step 6 插入基盘羊齿蕨

Tips 插制本件作品，我们需要掌握以下三个技巧

(1) 选用分叉较多的线形枝材做主枝时，可以借助手心的温度对杂乱无章的线条进行揉搓、掰扭、抚折，使其线条层次分明，错落有致；

(2) 在瓶口、缸口插制火焰兰叶片或鸢尾叶时，可以在保水的情况下增加一根延伸枝，插入瓶底，使叶片稳定。

为爱道歉

花作造型：直立型　　花作器皿：墨绿色圆肚陶瓷花缸

一位单亲妈妈，要照顾好自己，照顾好孩子。挺自然，也很艰苦。日子里的不停歇，还得努力把自己活成快乐的样子。因为是妈妈，所以必须是榜样。

插花课里的缸花习作。想表达的也是我自己。干枯的过去，回忆枝干的留存，那都是我愿意积极向上的东西。三朵黄玫瑰，寓意着为爱道歉，我从不会觉得对不起任何人，但每当面对我的女儿时，心里还是会有些心酸和遗憾。围绕着主花的多头红玫瑰，是我对生活握手言和后的热情。所以，不管遇到什么人，什么事，我都愿意积极面对，在"纵横交错"的生活里，快乐地成为一个温暖阳光的小米妈。

同类型作品赏析

岁日作

朝代·包佶

更劳今日春风至，枯树无枝可寄花。
览镜唯看飘乱发，临风谁为驻浮槎。

遇安花道缸花练习

线条练习／银杏枝

第八节
枯草植物

花作理论：中国传统插花雅集设计

（1）时间：确定活动时间，确定宣传时间，确定签到时间；
（2）人数：确定参与活动人数，确定工作人员人数；
（3）预算：确定主办方人均预算，根据预算确定活动方案；
（4）形式：中国传统六大花器插花，新中式插花，主题插花；
（5）采购：花器、固定器、花材、花具、签到本、茶水点心、品牌宣传伴手礼等。
（6）流程：布场、签到、主办方致辞、理论讲解、插花演示、分发剪刀、作品插制、合影留念、分发伴手礼、清理会场卫生。

花作立意：

秋季，五谷丰登，收获的季节，秋季的颜色是金灿灿的，金灿灿是收获的颜色。让我们以素材为笔，绘一幅秋日的盛景。

花作工具：枝材剪、竹签
花作花材：芦苇、龟背竹、黄金柳、黄菊、黄小菊、粉百合、粉小菊、稻穗、羊齿蕨
固定方式：Y字撒，紧锁瓶口，分割空间

Step 1 插入主线条黄金柳

Step 2 插入搭配线条芦苇,点缀花小菊

Step 3 插入主花黄菊,搭配线条黄金柳

Step 4 插入搭配花粉百合

Step 5 插入搭配线条龟背竹,搭配基盘稻穗

Step 6 插入基盘羊齿蕨

Tips 插制本件作品,我们需要掌握以下三个技巧

(1) 做Y字撒时,可以选用较为粗壮的木本分叉枝材,长度略宽于瓶口,通过巧劲按压将其嵌入瓶口之中;

(2) 可以选用分叉较多的搭配枝材投入瓶中,对空间再次进行分割。分叉较多的搭配枝材可选用多头菊、多头康乃馨、多头玫瑰等,这样在插制比较纤细的线状枝材时,会更加趋于稳定。

丰收的季节　　花作造型：直立型　　花作器皿：天蓝色宽口陶瓷花瓶

大片龟背竹在大件作品中，可以竖着当做线条使用。大瓶的花材选择一定要注意，大气、丰茂。菊花、芦苇都是秋的色彩，谷穗代表了硕果累累。宛若稻花乡里说丰年，听取蛙声一片，呈现出丰收之美。春种一粒粟，秋收万颗子，春天种下希望，秋天收获果实，付出才会有得到，只有努力付出，才可能有一份回报，努力努力再努力！

同类型作品赏析

浣溪沙·徐州藏春阁园中
宋·苏轼

惭愧今年二麦丰。千畦细浪舞晴空。化工余力染天红。
归去山公应倒载,阑街拍手笑儿童。甚时名作锦薰笼。

遇安花道瓶花练习

线条练习／芦苇

遇安花道

中国传统插花艺术教程（初阶版）

姜羽花作

第四章 花作赏析

学而时习之，不亦说乎，从欣赏的角度，再次复习花材搭配、色彩冷暖、插制技巧、作品立意及感悟，提升学习效率与质量。赏析是人文教育，是学花人的审美需求。通过大量地、广泛地欣赏作品，提高感受美、理解美的能力。从而激发潜能，提高表达、创造、想象及学成后的教学能力。

第一节
色彩的秘密

教学四年，教过三百多位学生，性格或爽朗大方、或多愁善感、或善于交际、或畏惧孤独、或坚韧不拔、或缺乏耐心，林林总总，形形色色。

都说花如其人，那我们说说插花时色彩搭配的秘密。

荷花这件禅意插花作者是50岁的蒋海燕姐姐，向日葵这件新中式插花作者是12岁的钱琛。由此看出：年龄大一点，喜欢色彩的静态美；年龄小一点，喜欢色彩的动态美。不不不，这只是一部分人的选择。

不知道各位花友，你们在选择花材时，有没有自己的偏好。通过这几年的教学经验，我发现了色彩的秘密"喜欢有真假"，这句话是什么意思呢？

真喜欢，就是表里如一。喜欢红色，所以喜欢玫瑰，喜欢明艳，喜欢热闹的作品；喜欢黄色，所以喜欢向日葵，喜欢阳光，喜欢温暖的作品；喜欢蓝色，所以喜欢绣球，喜欢干净，喜欢纯粹的作品；喜欢绿色，所以喜欢枝叶，喜欢健康有活力的作品；喜欢棕色，所以喜欢枯枝，喜欢禅静，喜欢富有韵味的作品。通过浅表层颜色，就能对应喜欢的插花风格，这就是色彩的"真喜欢"。

那么什么是"假喜欢"呢？我知道的"假喜欢"，都是些性格比较脆弱的同学，隐藏自己的真实想法，喜欢别人的插花风格，总是喜欢看别人的作品再模仿。性格自卑内向，敏感脆弱，多少有些焦虑，插花时最常说的一句话就是：哇，你的作品好漂亮，为什么我的不好看。否定自己之后，一脸沮丧，老师为了哄她开心，就会开始变着法的赞美她。这样的花友不在少数，很喜欢插花，但总是控制不住自己的情绪，易怒、易伤感、易嫉妒。

好的情绪，可以让人如沐春风，坏情绪也可以让人自暴自弃。怒时不言，恼时不争，乱世不决。愿你能发现自己的色彩小秘密，及时调整心态。情绪稳定，是一个成年人的顶级修养。

第四章 花作赏析

遇安花道瓶花练习

色彩搭配／红黄蓝

第二节
花开结果

世人皆爱繁花似锦，而我更喜欢果满枝头，若能两者兼得，何其幸运。这个篇章，我想分享一份《与吾儿书》，愿与诸君共勉。

芊禾你好，匆匆时光如窗间过马，转眼你就百天了，首先妈妈要祝福你永远健康快乐；其次要对你说声抱歉，你刚满月，妈妈就开始复工装修西安高新教室，给出版社提供样章，连续上插花集训课，基本上没有时间照顾你。

但若是有再来一次的机会，我会做出同样的选择。

因为你的父母，在他们27岁这年，正在经历凌晨四点钟，天微微亮，日出东方，满是黎明的希望。

妈妈是个很唯心的人，从不在乎任何人对我的任何看法，走自己的路并坚持，勤劳勇敢又有些许慧根。但这个现实的社会，他用经济基础及精神文明将人划分成了三六九等，我从泥泞中走来，一路辛苦，满是辛酸，所以妈妈愿你能享受到前人披荆斩棘的幸福。

自有你以后，妈妈开始树立自己的育儿观。很多人跨越阶级，就会露出穷人咋富后的弊端，肆无忌惮地享受生活，对孩子无条件溺爱，听之任之，狂热地在孩子身上进行物质弥补。

妈妈自上大学，就在几家培训机构当兼职老师。老师，也是妈妈唯一做过的职业，太多太多的反面教材告诉我，孩子的独立自主和创造能力是需要从小培养的。

妈妈幼年时听安爷爷说过一句话：富三代才是贵族。那时候并没有很透彻地理解这句话，就觉得有钱就是贵族。长大后，再次听到这句话时，妈理解了。富三代人出贵族，指的不是必须三代人的财富才够培养出贵族。而是内心的匮乏感，要经历三代以上才能转变。一个各方面被充分满足和自由的孩子，才能绽放不可思议且绚烂的一生。

未来很多年，无论爸妈是否富裕，都将在精神上，给予你贵族式的教养，陪伴，踏遍山河，安全感和无限宠爱。

最后，爸妈爱你，非常爱你，千万遍。

我想，这封书信，是我在27岁这年，对于"开花结果"这个词语，最合适的定义。

二零二一年一月上旬

遇安花道
瓶花·清新雅致

遇安花道筒花练习
果实累累／枇杷

第三节
有人出生在罗马

这篇文章之所以叫《有人出生在罗马》，是因为两件作品的底部基盘，是掌形和圆形。掌形掌上明珠，圆形花好月圆。无论是哪种形状，她们对花儿都是呈"呵护状"。

呵护，最常见的情感，夫妻之爱，父母对子女之爱。

所以在这里，我想给大家分享我给女儿的第二封家书：

芊禾你好，光阴似飞箭离弦末，只听风声，不闻时光消逝。忙忙碌碌中，你五个月了。这段时间，妈妈签合同开设新教学点，爸爸盯装修；妈妈上插花集训课，爸爸搬家的同时做采购；妈妈和部分陌生的叔叔阿姨们谈合作，爸爸开车陪着，毕竟妈妈也只是个二十来岁的小姑娘，很多时候，爸爸也不太能完全放心。

但是无论多么忙碌，妈妈每天下班回家后都会洗漱干净换睡衣，抱着我宝玩会，哄你开心，陪你睡觉。

爸爸说你累一天了，别管她，让跟着奶奶睡吧，她又不懂事，等大了你再带。

我拒绝了爸爸的提议。

并认为陪伴孩子和实现自我价值同等重要，这两件事都不能糊弄，不能马虎，不能敷衍。虽然这样做让旁人觉得在自讨苦吃，但妈妈认为，付出和回报是等比的，所有的抄小道，多少年后回头看，都是冤枉路。

无欲速，无见小利，无敷衍。欲速则不达，见小利则大事不成，敷衍则失信于人。

做事，不贪图自己不应该得到的利益，目光切勿短浅；当妈，不敷衍糊弄孩子，认真的陪伴和爱，才是日后教育的根基。

妈妈前天和姨姨聊天，她说：真羡慕你女儿，有你这么拼的妈。我说：你应该羡慕我，女儿这么可爱，而且我这么拼也不单纯是为了她。

我做的所有事，维护的关系，身边留下的朋友，最大的原因是喜欢，喜欢的事就愿意竭尽全力，喜欢的人就会对她好，盼望着她万事顺遂。

最后，妈妈永远永远不会道德绑架你，给你说什么这么辛苦都是为了你这样的话。

努力做事于我而言，如野马归林狂奔，雄鹰翱翔于天际，狂热

遇安花道篮花练习

线条练习／雪柳

遇安花道缸花练习

线条练习／睡莲

又自由，虽辛苦，倒也乐在其中。

妈妈如今在尝试着放下许多事，并接受人生来就有的不对等，但也愿意为你，拼尽全力，缩短这不对等。

芊禾，我的女儿，妈妈愿意为了你的"罗马"自强不息，成为你的巨人，你永远永远可以站在妈妈的肩膀上看世界，善良而不失锋芒，温柔而又坚韧，幸福的，有尊严的过一生。

最后最后，爸妈爱你，普通而又隆重。

第四节
插花人的品质

学习日本池坊花道时，作品的主枝叫做"真"。当时我就在想，如果要自己创立中国传统插花的流派，要给主枝、搭配枝、主花、搭配花、基盘分别取一个什么样的名字？

直到有天和朋友聊天，她说：我之所以喜欢你，是因为你这人讲诚信，活得很清醒，懂得拒绝你不要的，还勤快聪慧。我顿时醍醐灌顶！

仁义礼智信五个字，瞬间从脑海里蹦了出来，仿佛在给我招着手呼喊：选我！选我！选我！

随后我梳理了一下思路：

（1）信·主枝。人不信而不立，信是一个人安身立命之本，就如同主枝在一件作品里的地位，奠定作品的整体基调，也是插花作品里的主心骨，如信于人，无主心骨不可活；

（2）义·配枝。一个团队，一个家庭，一个国家，可以长久的发展，需要聪明的诸葛亮，勇猛的张飞，更需要义薄云天的关羽。默默地站在主公身后，配合他，扶持他，忠诚于他。不义而富且贵，于我如浮云；

（3）智·主花。智者，开悟也，无所不知也。明白是非曲直、邪正真妄、文理密察，是为智也。智慧的魅力远大于容颜的吸引力，无论是在插花作品里，还是在工作生活中，充满智慧的人往往占据焦点位置，人如其花，花亦如其人；

（4）礼·配花。配花于主花而言，如主人与随从。尊卑长幼有序，处事有规，淫乱不犯，不败人伦，以正为本，发为恭敬之心，斋庄中正之态，礼也。尊礼守礼，站在自己的一方天地里，低调付出，默默美丽；

（5）仁·基盘。宽大厚重的叶片，厚德载物，雅量容人。老吾老幼吾幼，己所不欲，勿施于人，发为恻隐之心，宽裕温柔，仁也。甘心陪衬，呵护花朵，满满的都是安全感。

仁义礼智信，短短五个字，道尽了我们在生活中的所有角色与应有的道德品质。人贵有自知之明，不贪心、不自卑、不傲慢，认识自己、尊重自己、顺从自己，让自己学会插花，做个骨子里快乐的人。

遇安花道瓶花练习

禅意瓶花/荷花

第四章　花作赏析

遇安花道篮花练习

姜羽·花作

第五节
东西方插花文化的差异

之所以会插制这件向日葵作品，是因为我的姐姐王恩恩，她最喜欢的花儿，就是向日葵，花如其人，她有着和向日葵一样的容颜，一样的性格，眉眼弯弯、阳光灿烂、温柔漂亮，但也和向日葵一样，总把伤感留在影子里。

作品插出来送给她时，大家惊叹：神似梵高的向日葵。这里的向日葵不仅仅是植物，更是热情的生命体。向日葵的花语是沉默的爱，忠诚的爱，是大自然里最耀眼的一抹明黄，永远向着阳光给人一种活力的感觉。正如："花开只向阳，绽放只为光；风雨从不怯，满眼笑金黄"。刚好这个板块要讲东西方的文化差异，所以把这件作品放在这个板块里赏析。

第二件芍药插制的佛前供花，也是机缘。买到过季的芍药花掉瓣，单独插制时，因为没有依托，所以掉得只剩花蕊。忽然，想到了奶奶的佛堂里，好像有一件层层叠叠的仿真芍药瓶花，于是借助着记忆里模糊的样子，灵光乍现，讲给会子老师，随后她插制了这件作品。佛语：一切现象皆是因缘所生，一切皆是因果，诸行无常、诸法无我、涅槃寂静。如同这件作品的机缘，寂静里重生。

最后，我们说一说东西方插花文化的差异：

东方式插花，以中国和日本插花为代表，注重作品的内涵意境，色彩以清淡、素雅、单纯为主，提倡轻描淡写及不对称美。也有重彩华丽的，主要用于宫廷插花。注重作品的人格化意义，赋予作品以深刻的思想内涵，采用自然的花材表达作者的精神境界，所以非常注重花的文化因素。

西方式插花，以传统的欧洲插花为代表，注重作品的色彩形态。追求丰富艳丽的色彩，着意渲染浓郁的氛围感。造型较整齐，多以几何图形构图，如球形、半球形、新月形、三角形、圆锥形、扇形、水平形、字母形等，讲究对称与平衡，用材较多且繁密。表现手法上注重花材与花器的协调，插花作品同环境场合的协调，常使用多种花材进行色块组合。

遇安花道名画练习

遇安花道碗花练习

佛前供花／芍药

第六节
春风·花之律动

遇事不决，问问春风；春风沉默，问问本心；本心不明，问问生活。

左为孩童：稚嫩可爱，一脸暖阳；
右为少女：闭月羞花，婀娜多姿。

从客观的角度来赏析：

左边作品：花作者王佳缘，12岁。活泼的小女孩。都说花如其人，作品里俏皮可爱的淡黄色扶郎花，排列站立，亮黄色的荷蒿花探出头来，跳动的雪柳毛茸茸的像兔子的耳朵。作品整体基调轻松、甜美。

右边作品：花作者邰昕怡，24岁。明眸皓齿，张扬乐观的姑娘。微微翘首的火焰兰身段妖娆，明媚阳光的橙色玫瑰热情地向上生长，如削葱指般的鸢尾叶，像一位美丽的女郎，在舞蹈里快乐的律动。作品整体基调热情、爽朗。

从情感的角度来赏析：在赏析这两件作品时，会子老师说：这两件作品给我的感受就像是同一个人，在10岁和20岁两个不同阶段里的状态，10岁天真无邪，20岁落落大方；10岁灵动活泼，20岁大方热情；10岁初升暖阳，20岁艳如桃李。姜羽老师说：这两件作品让我觉得一定要珍惜人生的每一个阶段，10岁可爱，20岁美丽，30岁成熟，40岁韵味，50岁端庄，60岁优雅，70岁慈祥，80岁历尽千帆后的乐观。人生说长实则很短，珍惜当下，活在当下，律动人生，不要死气沉沉，为自己喜欢的生活而生活。

第四章 花作赏析

遇安花道碗花练习
花材练习／扶郎

遇安花道碗花练习
线条练习／火焰兰

第七节
夏花·花之绚烂

旁人都说扶郎花是最廉价的花材,但我却觉得她是最能表达生命力的花儿之一。品读:夏花之绚烂蓬勃的生命力。

左为自由:散尾碧绿,喷泉奔放。

右为规矩:蕾丝挺拔,枯木厚重。

从客观的角度来赏析:

左边作品:主线条散尾葵和搭配线条喷泉草都是散状花材,形态分散而富有张力。这种形态的线条最适合表达的主题之一就是自由。一朵朵大红色的扶郎花热情奔放,充满了夏花的生命力之美。黑色的水盘和白色的小菊,使用无极色衬托的红色更加似火。

右边作品:主线条使用了蕾丝花,看起来端庄秀雅,基盘使用了可爱鲜嫩的绿毛球,手编的竹篮、搭配的枯木,又看起来肃穆深沉。一朵朵娇憨的红扶郎花,像可爱的小朋友们,向往着外面的世界,好奇地左顾右盼。

从情感的角度来赏析:黑色的花盘有些像天蝎座的暗黑系风格,十二星座里,天蝎座也是最热爱自由的星座。他们极端地面对生活,可以开心得像红色一样热情,也可以失落得像黑色一样沉默,个性自由散漫,不喜欢被约束,全部的野心就是可以自由地过一生。竹篮的这件作品,如果用星座的角度分析,更像是天平座,可以顽皮得像个孩子,也可以老神在在地跟你讲规矩,讲平等。竹篮的篮柄像是画圈为线,圈出底线,规矩是分寸、也是底线、更是人品。生如夏花之绚烂,愿你在平凡的世界里,热闹地美丽着。

第四章 花作赏析

遇安花道篮花练习
广口篮／蕾丝花

遇安花道盘花练习

第八节
秋韵·花之良语

今年西安的秋格外寒冷,温室里,约仨俩好友,品,两幅秋。
左为秋实:青瓶之上,硕果累累。
右为秋花:繁花似锦,阳光万里。

从客观的角度来赏析:
左边作品:多点状枝材,主枝位线条代表收获的蔷薇果,配枝位丰收的火棘枝,和焦点位稀有的点状花材针垫花,构成了本件作品。作品的右上角是迎光面,向阳花木好逢春,所有的花朵及枝材趋向于迎光方向。这就是我们插花时常说的:光的运用。

右边作品:多块状枝材,主枝位线条使用了大板块黄金柳,焦点花是橙黄渐变的百合花。块状的枝材,给人踏实稳定的安全感,如何可以把块状枝材用得不呆板厚重,就需要我们在搭配线条和花器时,多一些思考。这件作品,整体色彩非常温暖,像一个贤惠的妻子,美丽端庄又大方得体,给人我自风情万种,又与世无争的味道。

从情感的角度来赏析:
有句话,男人负责赚钱养家,女人负责貌美如花。对应这两件作品,满载而归的丈夫,和将家打理得富贵繁荣的妻子,组成了两幅丰收家庭的美好景象。

家,枝繁叶茂,开花结果;
家,源于珍惜,终于幸福。

家庭的幸福美满源于家人的陪伴与关怀,十年修得同船渡,百年修得共枕眠。男子抬头,女子仰望;男子奔走,女子相随;男子宽容大度,女子温暖善良。

第四章　花作赏析　197

遇安花道·煜子
春花秋月何时了
往事知多少

遇安花道·遇安
破除暮色为荒菊
荐送秋华有嫩蔬

第九节
冬藏·花之思考

冬藏·花之思考

特别忙碌时，你不妨停下来思考。看是否有更合理的方式，为生活做做减法。

左为天姿：梅枝傲雪，百年好合；
右为微整：修剪金盘，仿造荷花。

从客观的角度来赏析：

左边作品：冬日严寒，剪一支傲雪凌霜的梅枝插在篮子里，看起来清雅又大气。搭配竹编的收口灯笼篮，又增加了一份古朴婉约的含蓄感。开大的百合花，与梅枝虚实结合，影影绰绰。将"白玉堂前一树梅，为谁凋落为谁开"的美景及思考带入家中。

右边作品：鬼斧神工冬造夏，百合花开似荷花。荷花是季节花，只有夏季才有，但冬日教学时，如果要教学生插制荷花的形态，怎么办？我陷入了思考。直到在会子老师的手里，出现这件作品。火焰兰叶片仿水蜡烛、八角金盘仿荷叶、百合仿荷花。不仅形象，更是别有一番风情。

从情感的角度来赏析：思考在我看来，就是解决问题的能力。一朵百合花怎样可以插得漂亮？一位手特别巧的学生，怎么规划她的职业路线？怎样可以在工作的同时，能同步照顾女儿？春天种下的种子，啥时候可以结果？我对插花这么多理解，为何不出一本书？如何可以人尽其用，物尽其才？我时时刻刻都在思考。大学母校校训：敦德励学，知行相长。毕业几年，我除了思考，也一直在践行。最后，我再根据作品说几句见解，无论是天生丽质也好，还是微整也好，这都是个人的事情，选择微整，我不认为这是容貌焦虑或虚荣，女孩子爱美没有任何错误，在不影响健康的情况下，把握尺度即可。每个人，无论是内在还是外在，都有选择成为自己喜欢样子的权利，神圣且不容侵犯。

第四章 花作赏析

遇安花道
篮花 · 和月清雅
二零二一年一月上旬

遇安花道盘花练习
青花瓷盘 / 仿水景

图书在版编目(CIP)数据

遇安花道:中国传统插花艺术教程:初阶版/王遇安,姜羽,靳显会编著. -- 北京:中国林业出版社,2021.12

ISBN 978-7-5219-1512-9

Ⅰ.①遇… Ⅱ.①王… ②姜… ③靳… Ⅲ.①插花—装饰美术—中国 Ⅳ.①J525.12

中国版本图书馆CIP数据核字(2022)第007578号

责任编辑:贾麦娥

出版　中国林业出版社（100009　北京市西城区刘海胡同7号）

http://www.forestry.gov.cn/lycb.html

电话　（010）83143562

发行　中国林业出版社

印刷　河北京平诚乾印刷有限公司

版次　2022年1月第1版

印次　2022年1月第1次印刷

开本　710mm×1000mm　1/16

印张　12.5

字数　264千字

定价　98.00元